Peggy Schreck

Die Funktionsweise von Massenspektograph und Teilchenbeschleuniger

GRIN Verlag

Bibliografische Information der Deutschen Nationalbibliothek:

Die Deutsche Bibliothek verzeichnet diese Publikation in der Deutschen National-
bibliografie; detaillierte bibliografische Daten sind im Internet über http://dnb.d-
nb.de/ abrufbar.

Impressum:

Copyright © 2014 GRIN Verlag GmbH
Druck und Bindung: Books on Demand GmbH, Norderstedt Germany
ISBN: 978-3-656-92987-1

Dieses Buch bei GRIN:

http://www.grin.com/de/e-book/295137/die-funktionsweise-von-massenspektograph-
und-teilchenbeschleuniger

Inhaltsverzeichnis

1. Einleitung

Die Geschichte der Wissenschaft Physik reicht bis in die griechische Antike zurück. Die Menschen haben schon immer Erkenntnisse und Erfahrungen gesammelt, besonders aus der Natur. Vor allem im Frühkapitalismus waren Handwerker und das Bürgertum an der Entwicklung und den praktischen Erkenntnissen der Physik interessiert. Zu einer gravierenden Weiterentwicklung der Physik kam es im 16. Jahrhundert durch bedeutende Wissenschaftler wie zum Beispiel Galileo Galilei.

Er versuchte der Mathematik als auch dem Experiment einen Stellenwert in der Physik einzuräumen, denn mit Hilfe der Mathematik konnten Physikalische Gesetze erfasst werden.

Mit der Entdeckung der Röntgenstrahlen sowie der radioaktiven Strahlung durch Henri Berquerel sowie Marie Curie und Pierre Curie wurden zwei neue Strahlungsarten bekannt, deren Ursache im atomaren Bereich lag. Von da an führte ein direkter Weg zur Entwicklung der ersten Theorien über den Aufbau der kleinsten Teilchen, der Materie.

Es wurden zunehmend physikalische Gesetze in der Atom-, Kern- und Quantenphysik entdeckt und vor allem seit Albert Einstein haben unsere Erkenntnisse über die Materie, Raum und Zeit riesige Schritte gemacht. So kann zum Beispiel die Masse von winzig kleinen geladenen Teilchen mit Hilfe eines Massenspektographen berechnet werden. Durch massenspektografische Versuche fand man zum Beispiel heraus, dass fast alle Elemente aus verschiedenen Isotopen bestehen.

Mit hochentwickelten Teilchenbeschleunigern forschen die Wissenschaftler weiter, dabei stoßen sie immer wieder auf neue Erkenntnisse in der Atom-, Kern- und Quantenphysik.

„Trotzdem habe man das Gefühl, wir wissen immer weniger, je mehr wir dazulernen." (Günther Hasinger, deutscher Astrophysiker)

Ich möchte in meinen Ausführungen aufzeigen, was für großartige Erfindungen Massenspektographen und Teilchenbeschleuniger sind und wie sie uns helfen, die Materie und das Universums besser zu verstehen. Sie sind uns dabei behilflich, weitere Erkenntnisse in der Forschung zu erlangen, denn seit ihrer Erfindung wurden viele Geheimnisse der Natur aufgedeckt und es werden noch viele Folgen.

2. Was ist ein Massenspektograph?

Als Massenspektrometrie werden Verfahren zum Messen der Masse von Atomen und Molekülen bezeichnet. Demnach ist der Massenspektopraph ein Gerät zur Massenbestimmung von Atomen und Molekülen. Außerdem findet durch ihn die Registrierung der Massenspektren von Teilchengemischen und Isotopen eines Elements statt. Um dies zu ermöglichen greift man auf den Gebrauch von elektrischen und magnetischen Feldern zurück. Dabei wird die Impulsselektivität von Magnetfeldern, sowie die Energieselektivität von elektrischen Feldern ausgenutzt. Man spricht in diesem Falle vom Masspenspektographen oder von einem Massenspektrometer, dabei gibt es zwischen diesen aber keinen nennenswerten Unterschied.

2.1 Die Geschichte des Massenspektographen

Im frühen 19. Jahrhundert stellte der britische Chemiker William Prout die erste Hypothese zur Massenspektrometrie auf. Diese besagt, dass es eine Eigenschaft des Atoms ist, eine bestimmte Masse zu haben. Diese Behauptung stellte er auf, nachdem er mehrere Beobachtungen an Atomen bezüglich der Masse vollzog. Um 1858 beobachtete Julius Plücker den Einfluss von magnetischen Feldern auf das Leuchten von Entladungsröhren. Im Jahr 1897 führte Joseph John Thomson Experimente durch, in denen er in Elektronenröhren Elektrostrahlen von verschiedenen Kathodenmetallen mit elektromagnetischen Feldern ablenkte. Dadurch leitete es Gleichungen zum Zusammenhang zwischen Masse, Geschwindigkeit und Bahnradius ab. Francis William Aston, ein Schüler von Joseph John Thomson, baute und entwickelte 1919 den ersten funktionierenden Massenspektographen mit gekreuztem elektrischem und Magnetischem Feld. Damit gelang es ihm, Isotope von Chlor und anderen Atomen zu beobachten. 1922 wurde dieser mit dem Nobelpreis für seine Untersuchungen an Isotopen geehrt. 1918 wurde der erste Moderne Massenspektograph entworfen und gebaut, dieser arbeitete 100-fach genauer, als alle bisher entworfenen Modelle. Dieser dient sogar heute noch als Vorlage für das Design heutiger Massenspektrographen.

2.2 Der Aufbau eines Massenspektographen

Grob gesagt, besteht ein Massenspektograph aus drei Hauptbauteilen, der Ionenquelle, einem Detektor und einem Analysator. Jedes dieser Bauteile existiert in unterschiedlichen Varianten und Bauformen. (siehe Anhang Bild 1)

2.2.1 Die Ionenquelle

In der Ionenquelle wird der zu analysierende Stoff ionisiert. Dabei wird einem Atom ein Elektron entnommen, so dass das Atom als positiv geladenes Ion zurückbleibt. Dieser Vorgang kann mit verschiedenen Methoden erfolgen, dies ist vor allem abhängig von den Eigenschaften der zu analysierenden Teilchen. Die Ionen können auf unterschiedlichste Weise erzeugt werden. Häufig geschieht dies durch die Stoßionisation oder der Chemischen Ionisation. Bei der Stoßionisation werden die Elektronen der Atome durch künstlich beschleunigte Elektronen „herausgeschlagen". Bei der Chemischen Ionisation hingegen wird dem Atom mit einem Elektronenstrahl Energie hinzugefügt, bis bei diesem Ionen erzeugt werden. Andere Verfahrensweisen der Ionisation sind zum Beispiel die Photonenionisation, die Matrix unterstütze Laser-Ionisation und das so genannte Fast Atom Bombardement.

2.2.2 Der Analysator

Im Analysator werden die aus der Ionenquelle gewonnenen Ionen nach dem Masse-zu-Ladungs-Verhältnis getrennt. Dies kann erneut auf unterschiedlichste Weise geschehen, wie zum Beispiel im Sektorfeld-Massenspektographen oder im Flugzeitenmassenspektroprahpen. Hierbei werden die jeweiligen Massenspektographen nach den Merkmalen der Analysatoren eingeordnet.

2.2.3 Der Detektor

Im Detektor werden die zuvor voneinander getrennten Ionen erfasst. Zur Erfassung der Ionen können Faraday-Auffänger oder Daly-Detektoren zum Einsatz kommen. Dabei gibt es drei Möglichkeiten, die Ionen zu erfassen.

Die Ionen fliegen in ihrem Ablenkradius auf eine Photoplatte und schwärzen diese ein. Nun kann an die Häufigkeit der Ionen anhand des Schwärzegrades ermittelt werden.

Im Faradayschen-Auffänger wird das Massenspektrum der Ionen sehr genau registriert. Um dies zu ermöglichen, wird in den Faradayschen-Aufhängern, auch Faraday-Töpfe genannt, die Bewegungsenergie der Ionen in elektrische Energie umgewandelt. Nun kann die Frequenz der Ionen anhand der resultierenden Stromstärke berechnet werden, da diese proportional zur Häufigkeit der Ionen ist.

2.3 Funktionsweise eines Massenspektographen

Der Massenspektrograph (siehe Anhang Bild 2) kommt zum Einsatz, da man gerne die Masse von bestimmten Teilchen erfahren will. Um dies zu ermöglichen, treten aus einer Ionenquelle geladene Ionen in Form eines Ionenstrahls aus, diese besitzen Anfangs noch unterschiedliche Geschwindigkeiten. Anschließend tritt dieser in ein durch einen Kondensator erzeugtes elektrischen Feld ein, welches wiederum durch ein Magnetisches Feld durchsetzt ist.. Hierbei werden die positiv geladenen Ionen durch die Kraft (F=Q*E) des elektrischem Feld nach unten abgelenkt und durch die Kraft (F=Q*v*B) vom magnetischem Feld nach oben abgelenkt. Wenn es gelingt, dass sich die beiden Kräfte ausgleichen, durchsetzt der Ionenstrahl die senkrecht aufeinander stehenden Felder und durchfliegt einen gegenüberliegenden Austrittsspalt. Die beiden Felder dienen als Geschwindigkeitsfilter. Allen Teilchen, denen es gelingt den Austrittsspalt zu verlassen, haben die gleiche Geschwindigkeit. Treten diese Teilchen nun in ein zweites magnetisches Feld ein, so sind die Unterschiede im Bahnradius nur noch durch Unterschiede in der Ladung der Teilchen zu erklären und nicht durch ihre Geschwindigkeitsdifferenzen. Wenn diese Ionen aber alle die gleiche Ladung besitzen, können Abweichungen des Bahnradius nur durch verschiedene Massen der Ionen hervorgehen. Die spezifische Ladung der Teilchen lässt sich nun durch gegebene Faktoren bestimmen. Wenn man den Radius der Teilchenbahn gemessen hat und die Ladung und Geschwindigkeit des Teilchen kennt, sowie die magnetische Flussdichte des Feldes, so kann man die Ionenmasse berechnen.

$$m = \frac{e \cdot B^2 \cdot r^2}{2 \cdot U}$$

Dadurch konnte vor allem festgestellt werden, dass fast Elemente aus verschiedenen Isotopen bestehen.

2.4 Anwendungsgebiete eines Massenspektopraphen

Die Massenspektrometrie dient vor allem als Analyseverfahren chemischer Elemente in der Chemie. Unter anderem werden sie in der Biologie, der Archäologie und in der Klimatologie angewendet, um Materialien analysieren zu können. Wenn es um die Ermittlung der Massen von Teilchen und Atomen geht, werden Massenspektographen vor allem in der Teilchenphysik verwendet. Außerdem werden durch ihn noch unbekannte Teilchen detektiert.

2.4.1 Anwendungsgebiete in der Chemie

In der Chemie wird das Verfahren der Massenspektrometrie vor allem angewandt, um die Struktur und Zusammensetzung von Verbindungen und Gemischen aufzuklären. Vor allem wird das Verfahren der Massenspektrometrie in der analytischen Chemie angewandt. Er wird eingesetzt, um die molare Masse von Stoffverbindungen sowie die Summenformel von Molekülen zu bestimmen. Die Bedeutung der Massenspektrometrie in der analytischen Chemie ist damit eine wesentlich größere, als wie die in der Physik, denn diese stellt lediglich das Wissen und die Grundlagen für unser Vorhaben bereit.

2.4.2 Anwendungsgebiete in der Klimatologie

In der Klimatologie dient der Massenspektograph vor allem dazu, bestimmte Isotope in Stoffen zu ermitteln, um Rückschlüsse auf das Klima in der Vergangenheit zu gewinnen. Die Häufigkeit bestimmter Isotope in Sedimentschichten weist auf diese Vergangenheit unseres Klimas hin. Ein gutes Beispiel dafür ist das in Wasser vorkommende Isotop O^{16} welches dazu führt, das Wasser leichter verdampft, als solches, das das Isotop O^{18} enthält.

2.4.3 Anwendungsgebiete in der Archäologie

In der Archäologie werden mit Hilfe des Massenspektographen Isotopenverhältnisse von Elementen untersucht, wodurch Rückschlüsse auf Menschen der vergangenen Jahrtausende gemacht werden können. Dazu werden Knochenfundstücke auf diese Verhältnisse untersucht. Ein Beispiel dafür ist das Verhältnis von C^{14} zu C^{12} , welches Rückschlüsse auf die Zeit der pflanzlichen Bildung zulässt.

3. Was ist ein Teilchenbeschleuniger?

In den letzten Jahrzehnten wurden immer mehr Erkenntnisse über die Materie und ihre Struktur mithilfe von Teilchenbeschleunigern gewonnen. Aber was ist eigentlich ein Teilchenbeschleuniger?

Ein Teilchenbeschleuniger ist wie der Name sagt, ein Gerät, welches dazu dient, Teilchen zu beschleunigen. Es ist eine schwierige Frage in der Physik, was eigentlich ein Teilchen sei. Diese Frage soll uns aber jetzt keineswegs beschäftigen. Um Teilchen beschleunigen zu können, muss auf sie irgendeine Kraft ausgeübt werden. Hierbei nutzt man die die Kraft der elektrischen Felder und ihre Wirkung auf geladene Teilchen, um diese auf große Geschwindigkeiten zu beschleunigen. Um dies zu ermöglichen muss im Innenraum des

Teilchenbeschleunigers ein Vakuum vorherrschen, da die Teilchen annähernd auf Lichtgeschwindigkeit beschleunigt werden müssen, um Untersuchungen am Aufbau der Materie machen zu können. Um den Aufbau der kleinsten Teilchen und Elementarteilchen, sowie deren Reaktionen miteinander untersuchen zu können werden die größten Beschleunigeranlagen eingesetzt. Das Grundprinzip der Teilchenbeschleuniger liegt darin, die Teilchen nahezu auf Lichtgeschwindigkeit zu beschleunigen und anschließend mit anderen Teilchen oder Stoffen kollidieren zu lassen. (siehe Anhang 3) Dabei werden Wechselwirkungen zwischen diesen ausgelöst, die in Detektoren registriert und anschließend ausgewertet werden können. Großbeschleuniger bezeichnet man in der Fachsprache auch als „Maschinen".

3.1 Arten von Teilchenbeschleunigern

Zu den wichtigsten Arten von Beschleunigern gehören Linearbeschleuniger, Zyklotrone, und Synchrotrone, diese möchte ich hier näher vorstellen.

3.1.1 Der Linearbeschleuniger

Ein Linearbeschleuniger (siehe Anhang Bild 4) ist wie der Name schon sagt, ein Beschleuniger, der geladene Teilchen in einer geraden Linie (siehe Anhang Bild 5) beschleunigt. Um die Teilchen beschleunigen zu können müssen diese eine Reihe von röhrenförmigen Elektroden durchlaufen, auch Driftröhren genannt, in denen die Beschleunigung durch eine Wechselspannung hoher Frequenz erreicht wird. Dabei sind die Elektroden mit einem Hochfrequenzgenerator verbunden. Im Inneren der einzelnen Röhren besteht kein elektrisches Feld, dadurch kann das Teilchen, mit konstanter Geschwindigkeit hindurchfliegen. Ganz anders hingegen ist es in einem Zwischenraum zweier benachbarter Driftröhren, dort wird das Teilchen vom elektrischen Feld der beiden Elektroden beeinflusst. Um das Teilchen vorwärts beschleunigen zu können muss nun die Polung der Driftröhren wechseln. Das Teilchen wird nun im elektrischen Feld beschleunigt. Das selbe geschieht ebenso in den nachfolgenden Röhren. (siehe Anhang Bild 6)

3.1.2 Das Zyklotron

Einer der Erfinder des Zyklotron (siehe Anhang Bild 7) Lawrence, erhielt 1939 den Nobelpreis für Physik, da er mit seinem Kollegen Livingstone den ersten Zyklotron gebaut und in Betrieb genommen hatte. Bei dem Zyklotron handelt es sich um einen Kreisbeschleuniger. Das klassische Zyklotron besteht aus einem Elektromagneten und einer Vakuumkammer, die in zwei flache, halbkreisförmigen Dosen aufgeteilt ist. Die beiden Dosen, auch Duanten genannt, sind mit einem Hochfrequenzgenerator verbunden. Die Duanten werden durch den Elektromagneten mit einem Magnetfeld durchsetzt. Im Zentrum der Kammer befindet sich die Ionenquelle. Die von der Ionenquelle ausgehenden Teilchen werden nun durch das vorherrschende Magnetfeld umgelenkt, im elektrischen Feld zwischen den Duanten beschleunigt und wieder umgelenkt. Dieser Vorgang wiederholt sich, bis das Teilchen durch eine Elektrode herausgelenkt wird. Nun stehen die Teilchen für Experimente zur Verfügung. (siehe Anhang Bild 8)

3.1.3 Das Synchrotron

Einer der größten dieser Art ist das Deutsche Elektronen-Synchrotron (DESY) in Hamburg. Das Synchrotron (siehe Anhang Bild 9) gehört zu den Ringbeschleunigern. In ihm werden Ionen auf sehr hohe Geschwindigkeiten beschleunigt, wodurch diese die größtmögliche kinetische Energie erhalten. Ursprünglich wurden diese entwickelt, um die im Zyklotron erreichbaren Energien zu übertreffen. Grundlegend bestehen Synchrotrone aus mehreren Ablenkmagneten und dazwischen angelegten Beschleunigern in Form von elektrischen Feldern, in denen die Teilchenbahn gerade verläuft. Die Teilchenbahn verläuft bis zum Ende des Beschleunigungsvorgang als geschlossener Ring. Durch Ablenkmagnete kann das Teilchen auf einen Target geschossen werden, wo Detektoren entstandene Wechselwirkungen registrieren. Das im Synchrotron zu beschleunigende Teilchen wird vorerst in einem Vorbeschleuniger beschleunigt und anschließend in den Synchrotrone gespeist. Grundlegend kann man also sagen, dass in einem Synchrotron die Teilchen durch Magneten abgelenkt und durch elektrische Felder beschleunigt werden.
(siehe Anhang Bild 10)

3.2 Der Teilchenbeschleuniger Cern bei Genf – ein Großversuch

Am Teilchenbeschleuniger des Cern (siehe Anhang Bild 11) bei Genf läuft das aufwendigste Experiment der Menschheit und zugleich ein einzigartiger sozialer Großversuch. Es ist wahrlich eine Fusion der Forscher. Die Wissenschalfter rechnen damit eine Sensation zu entschlüsseln und schwärmen von einer „neuen Physik". Es stehen uns wahrscheinlich Jahre bevor die uns Antworten geben könnten, auf möglicherweise die letzten Fragen der Physik. Gibt es mehr als die vier vertrauten Dimensionen? Versteckt sich hinter Supersymmetrien im Universum eine Schattenwelt? Gibt es das Higgs-Boson, das den anderen Teilchen ihre Masse verleiht?

In 100 Metern Tiefe erstreckt sich der Teilchenbeschleuniger LHC (Large Hadron Collider) über einen 26,6 Kilometer langen unterirdischen Ringtunnel, welcher 7 Milliarden Euro Entwicklungskosten und rund 7,6 Milliarden Euro Baukosten verschlang. Er wurde innerhalb von 15 Jahren gebaut und erhält einen Jahresetat von 820 Millionen Euro. Weit über 10000 Physiker und Forscher arbeiten mit ihm, diese stammen aus 97 unterschiedlichen Nationen. Ab 2015 soll der LHC mit seiner Höchstleistung von 14 Tera-Elektronenvolt betrieben werden. Dann rasen die Protonen mehr als 11.200 Mal pro Sekunde durch den Beschleunigerring. Die größte vom Menschen je konstruierte Maschine „Large Hardon Collider" (LHC), also „Großer Hadronen-Kollidierer" hat ihren Namen daher, da in ihm Teilchen aufeinanderprallen, die die Physiker zur Gruppe der Hadronen zählen, dies sind Teilchen die der starken Wechselwirkung unterworfen sind. Der LHC besteht aus 4 Beobachtungseinheiten, 4 riesigen Teilchendetektoren mit dem Namen CMS (siehe Anhang Bild 12 und 13), Atlas (siehe Anhang 14), Alice (siehe Anhang Bild 15) und LHCb (siehe Anhang Bild 16). Jeder von ihnen ist auf ein anderes Teilchengebiet spezialisiert.

3.3 Die neusten Erkenntnisse durch Teilchenbeschleuniger

„Forscher spielen Gott." Die Wissenschaftler des LHC in Genf wollen durch die Analyse der Kollisionen von Teilchen den „Code" des Universums entschlüsseln. Mit dem Teilchenbeschleuniger des Cern, erhoffen sie sich Antworten auf grundlegende Fragen: Warum gibt es Materie? Woraus besteht das Weltall? Und vor allem, wie entstand es? „Das Aufregendste, was wir entdecken können, ist etwas, was wir nicht voraussagen können", sagt CERN-Physiker Hans Hoffmann, welcher seit über 30 Jahren als Teilchenforscher arbeitet.

2010 gelang es Forschern des LHC erstmals, Atome aus Antimaterie einzufangen und diese zu untersuchen. Es gelang ihnen, 38 Antiwasserstoff-Atome für anderthalb Zehntelsekunden in einem System aus Magnetfeldern einzuschließen. Durch dieses System verhinderten sie, dass die Antiwasserstoff-Atome (Antimaterie) mit normaler Materie in Verbindung treten. Denn wenn dies geschieht, löschen sich beide Materieformen gegenseitig aus. (siehe Anhang Bild 17) „Durch dieses Verfahren sei es erstmals möglich, Antimaterie genauer untersuchen zu können und so grundlegende physikalische Gesetzmäßigkeiten auf den Prüfstand zu stellen", berichtet das Team um Jeffrey Hangst.

Juli 2012 richtete sich die weltweite Aufmerksamkeit auf den LHC in Genf. Das geheimnisvolle „Gottesteilchen" oder auch „Higgs-Bonson" genannt, wurde gefunden. Doch vorhergesagt worden war das schon ein halbes Jahrhundert zuvor, durch den Physiker Peter Higgs. Das Higgs-Bonson trägt dazu bei, das Entstehen der Masse von subatomaren Partikeln besser zu verstehen. Jahrzehnte lang konnte das Higgs-Bonson, welches zum Higgs-Mechanismus gehört nicht nachgewiesen werden, da die technischen Voraussetzungen fehlten. Für den Nachweis des Higgs-Bonson sind Teilchenbeschleuniger ausreichender Energie und Luminosät nötig. Das LHC erfüllt diese Voraussetzungen, wodurch das Teilchen mit den Detektoren „Atlas" und „CMS" bestätigt werden konnte.

2013 wurde das Teilchen $Z_c(3900)$ sowohl beim Belle-Experiment als auch am Beijing Spectrometer III nachgewiesen. Die Wissenschaftler ließen Elektronen mit ihren Antiteilchen, den Positronen kollidieren, wodurch in den Zerfallsprodukten das Teilchen nachgewiesen werden konnte. Bei $Z_c(3900)$ handelt es sich um ein subatomares Teilchen, welches zu den Hadronen gehört.

4. Fazit

Was Naturwissenschaften und Technik für Auswirkungen auf unser Leben haben, ist oft nicht ein schätzbar. Mit den Massenspektographen wurde ein Verfahren entdeckt, welches mittlerweile in vielen Gebieten zum Einsatz kommt. Durch die vielen Arten der Massenspektrometrie und ihrer Komplexität ist es schwierig, einen Überblick über alle Verfahren und Unterdisziplinen zu geben. Die Massenspektrometrie war ein wichtiger Schritt, um die Erforschung des Atomkerns ermöglichen zu können. Massenspektographische Verfahren sind vor allem in der Medizin, der Biologie, der Physik, den Geowissenschaften, der Umweltanalytik, der Qualitätskontrolle und den Dopingkontrollen von wichtiger Bedeutung. Wodurch sie heute in vielfältiger Weise in unser Alltagsleben von hoher Relevanz sind.

Mit Hilfe von Beschleunigern wurden in den letzten Jahrzehnten enorm viele Erkenntnisse über die Materie gewonnen. Die besten Beispiele dafür sind das Higgs-Bonson und das Teilchen $Z_c(3900)$. Mit ihnen können Teilchen untersucht werden, die eine millionstel mal so groß sind wie ein Atom. Sozusagen verdanken wir unsere heutigen Kenntnisse über Struktur und Materie schnellen Teilchen, die wie „Geschosse" mit anderen Teilchen in Wechselwirkung treten. Ich denke, dass die Wissenschaft in diesem Bereich niemals ein Ende haben wird, denn mit jeder neuen Erkenntnis stoßen wir eine weitere Tür zum noch unbekannten auf und mit jeder neuen Antwort, entdecken wir eine Menge neuer, verschlossener Türen.

5. Anhang

Bild 1

http://upload.wikimedia.org/wikipedia/commons/f/f3/Mass_Spectrometer_Schematic_DE.svg

Bild 2

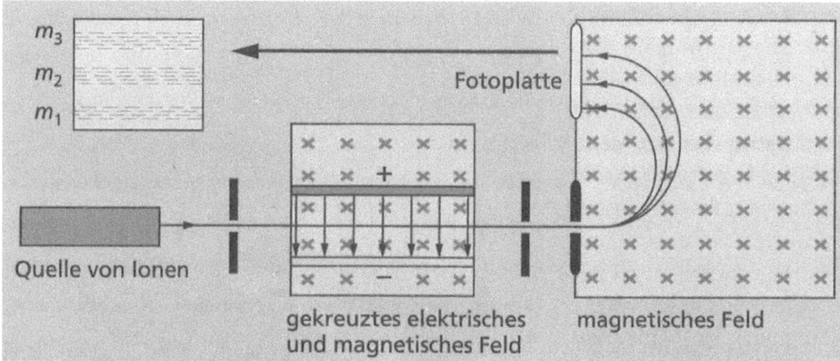

Prof. Dr. habil. Lothar Meyer, Dr. Gerd-Dietrich Schmidt: Physik Gymnasiale Oberstufe, Berlin, Frankfurt a.M 2014 S.289

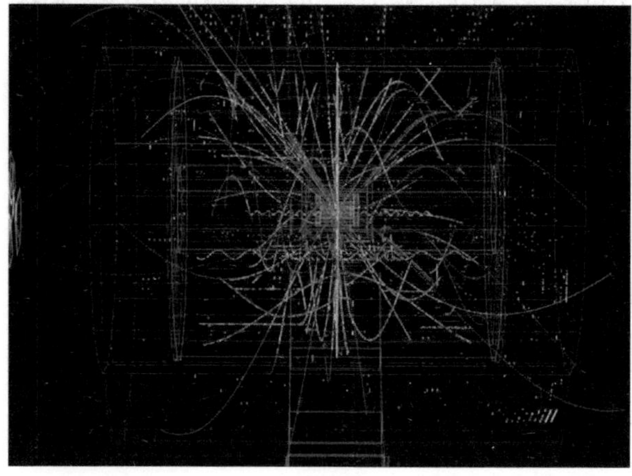

Bild 3

http://cds.cern.ch/record/1459463/files/Fig2-eemm_run195099_evt137440354_ispy_3dannotated-2.png

Bild 4

http://www.uni-mainz.de/presse/bilder_presse/09_kernchemie_GSI_element115_01.jpgild

5

http://upload.wikimedia.org/wikipedia/commons/8/8a/Stanford-linear-accelerator-usgs-ortho-kaminski-5900.jpg

Bild 6

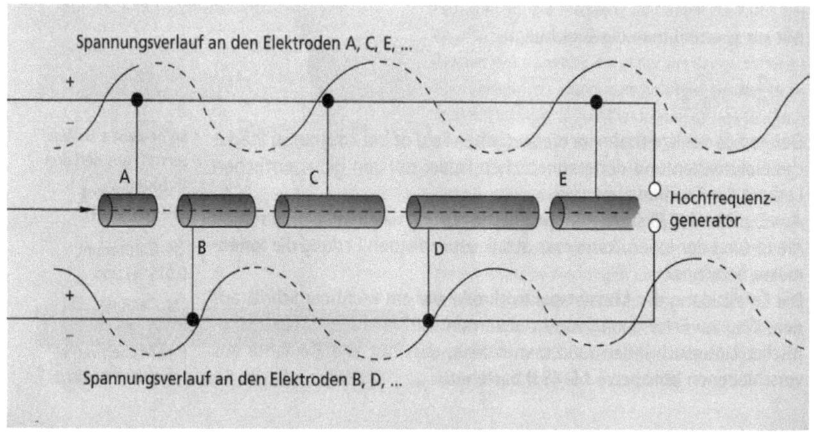

Prof. Dr. habil. Lothar Meyer, Dr. Gerd-Dietrich Schmidt: Physik Gymnasiale Oberstufe, Berlin, Frankfurt a.M 2014 S.290

Bild 7

https://lh6.googleusercontent.com/-

yJCEzagYq9o/UnjfFWKstCI/AAAAAAAAAlc/M7RgFyPW4-0/w2048-
h1536/Zyklotron.JPG

Bild 8

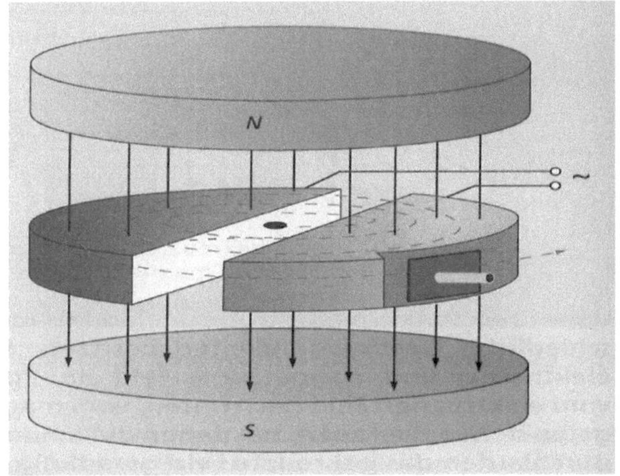

Prof. Dr. habil. Lothar Meyer, Dr. Gerd-Dietrich Schmidt: Physik Gymnasiale Oberstufe,
Berlin, Frankfurt a.M 2014 S.290

Bild 9

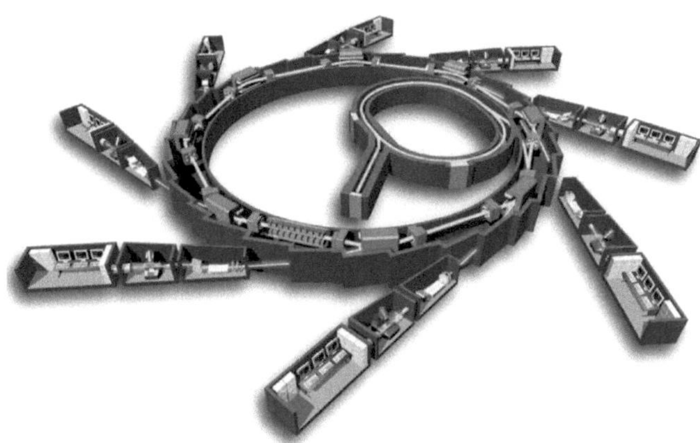

http://upload.wikimedia.org/wikipedia/commons/6/60/Sch%C3%A9ma_de_principe_du_s

ynchrotron.jpg

Bild 10

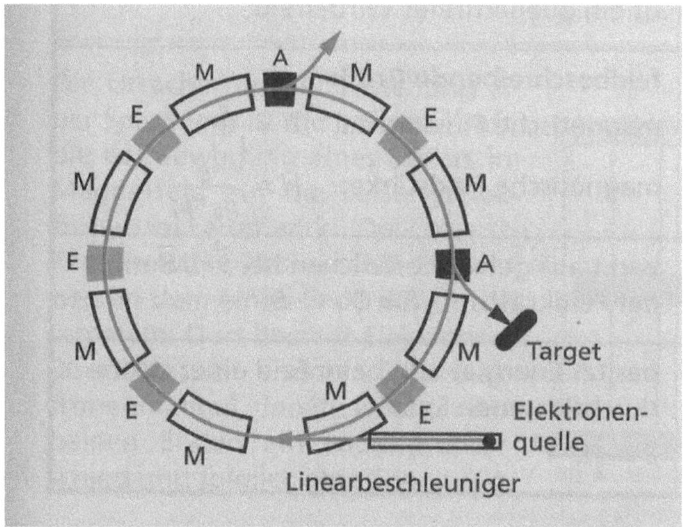

Prof. Dr. habil. Lothar Meyer, Dr. Gerd-Dietrich Schmidt: Physik Gymnasiale Oberstufe, Berlin, Frankfurt a.M 2014 S.291

Bild 11

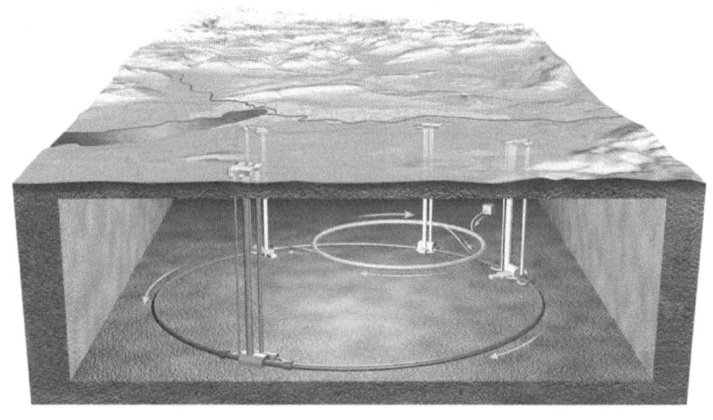

http://www.physikblog.eu/wp-content/uploads/2008/08/cern-ring-ani.jpg

CMS

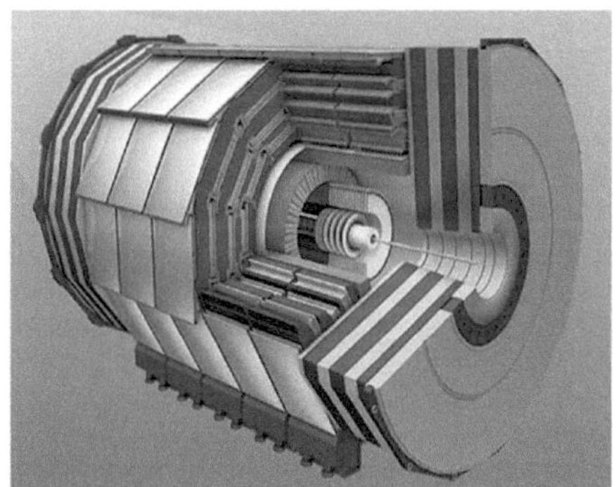

CMS ist das Schwergewicht unter den Teilchendetektoren: Er wiegt 12.500 Tonnen. Mit ihm fahnden Wissenschaftler nach dem Higgs-Boson, nach Teilchenkandidaten für die Dunkle Materie und nach Extra-Dimensionen. Der Magnet im Inneren des Detektors erzeugt ein Magnetfeld, das 100.000 Mal stärker ist als das Magnetfeld der Erde. Mehr als 3000 Wissenschaftler aus 38 Ländern arbeiten am CMS-Experiment.

Bild 12

http://www.stern.de/wissen/kosmos/groesster-teilchenbeschleuniger-lhc-der-riese-ruht-2044871.html

Bild 13

http://wwwae.ciemat.es/cms/fotdir/bul-pho-2007-079.jpg

Bild 14

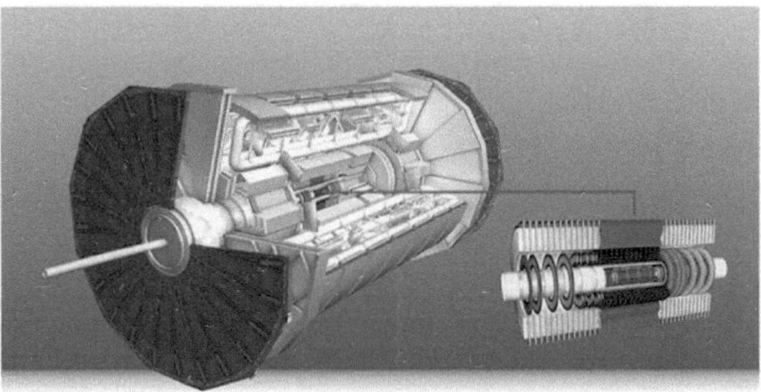

http://www.stern.de/wissen/kosmos/groesster-teilchenbeschleuniger-lhc-der-riese-ruht-
2044871.html

Bild 15

http://www.stern.de/wissen/kosmos/groesster-teilchenbeschleuniger-lhc-der-riese-ruht-2044871.html

Bild 16

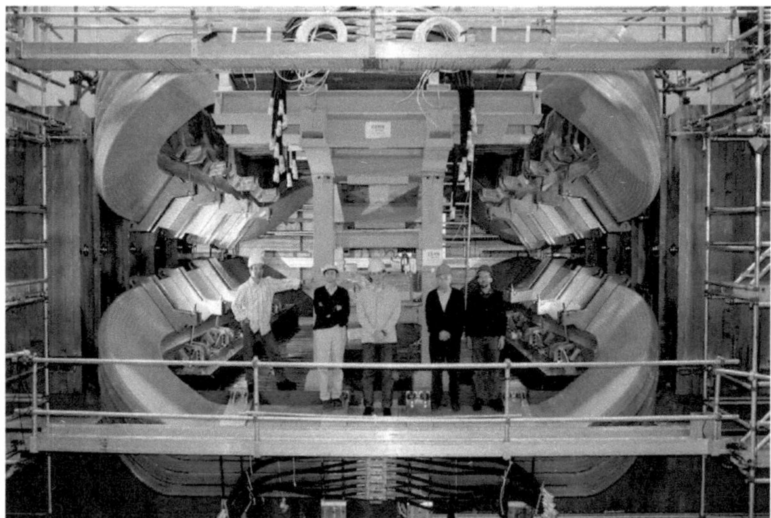

http://www.interactions.org/imagebank/images/CE0165H.jpg

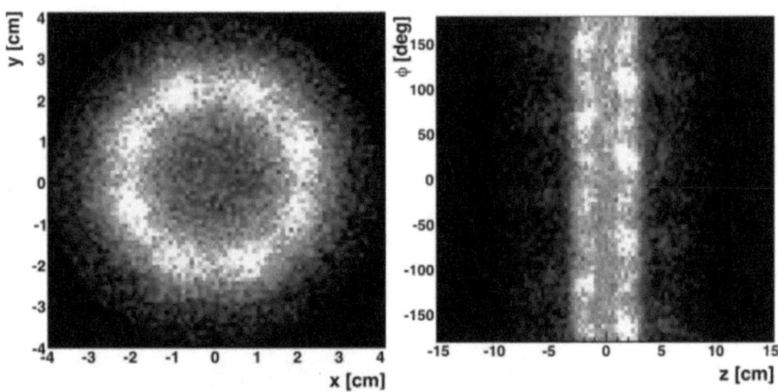

Bild 17

http://www.welt.de/wissenschaft/article11017561/Erstmals-Antimaterie-in-die-Falle-gegangen.html

6. Literaturverzeichnis

Prof. Dr. habil. Lothar Meyer, Dr. Gerd-Dietrich Schmidt: Physik Gymnasiale Oberstufe, Berlin, Frankfurt a.M 2014

J. Grehn, J. Krause: Metzler Physik, Hannover 2004

Günther Hasinger: Das Schicksal des Universums, München 2009

Stephen Hawking: Das Universums in der Nussschale, Deutscher Taschenbuch Verlag

- http://www.stern.de/wissen/kosmos/groesster-teilchenbeschleuniger-lhc-der-riese-ruht-2044871.html

- http://www.abi-physik.de/buch/das-magnetfeld/massenspektrometer/

- Zc(3900), 28.11.2013 16:05

  http://de.wikipedia.org/wiki/Zc(3900)

- Higgs-Bonson. 28.11.2013 16:10
  http://de.wikipedia.org/wiki/Higgs-Boson

- Massenspektrometrie, 10.11.2013 17:35
  http://de.wikipedia.org/wiki/Massenspektrometrie

- Teilchenbeschleuniger 15.11.2013 18:35
  http://de.wikipedia.org/wiki/Teilchenbeschleuniger

  https://oberprima.com/physik/massenspektrograph/

Lausitzer Rundschau: 9. Oktober 2013, Seite 9

P.M.: Juli 2008, Seite 73

Bild der Wissenschaft: November 2008, Seite 46

Bild der Wissenschaft: Oktober 2008, Seite 20

GEO kompakt: Nr. 29, Seite 22

Focus: 16. April 2011, Seite 130